관찰하 ...지는

4-7세

톡톡 창의력 그림 찾기 플러스

창의수학연구소 지음

한빛에듀

창의수학연구소는

창의수학연구소를 이끌고 있는 장동수 소장은 국내 최초의 창의력 교재인 [창의력 해법수학]과 영재교육의 새 지평을 연 천재교육 [로드맵 영재수학] 등 250여 권이 넘는 수학 교재를 집필했습니다.

창의수학연구소는 오늘도 우리 아이들이 어떻게 수학에 재미를 붙이고 창의력을 키워나갈 수 있게 할 것인지를 고민하며, 좋은 책과 더 나은 학습 환경을 만들기 위해 노력합니다.

관찰하고 찾으면서 머리가 좋아지는
톡톡 창의력 그림 찾기 플러스 4-7세

초판 1쇄 발행 2017년 5월 5일
초판 6쇄 발행 2022년 4월 20일

지은이 창의수학연구소 **펴낸이** 김태헌
총괄 임규근 **책임편집** 전정아 **기획** 하민희 **진행** 오주현
디자인 천승훈
영업 문윤식, 조유미 **마케팅** 신우섭, 손희정, 박수미 **제작** 박성우, 김정우
펴낸곳 한빛에듀 **주소** 서울시 서대문구 연희로2길 62 한빛미디어(주) 실용출판부
전화 02-336-7129 **팩스** 02-325-6300
등록 2015년 11월 24일 제2015-000351호 **ISBN** 978-89-6848-810-8 64410

이 책에 대한 의견이나 오탈자 및 잘못된 내용에 대한 수정 정보는 한빛에듀의 홈페이지나 아래 이메일로 알려주십시오. 잘못된 책은 구입하신 서점에서 교환해 드립니다. 책값은 뒤표지에 표시되어 있습니다.

한빛에듀 홈페이지 edu.hanbit.co.kr **이메일** edu@hanbit.co.kr

지금 하지 않으면 할 수 없는 일이 있습니다.
책으로 펴내고 싶은 아이디어나 원고를 메일(writer@hanbit.co.kr)로 보내주세요.
한빛미디어(주)는 여러분의 소중한 경험과 지식을 기다리고 있습니다.

사용연령 3세 이상 **제조국** 대한민국
사용상 주의사항 책종이가 날카로우니 베이지 않도록 주의하세요.

참 잘했어요

창의력이 톡톡!

창의력이 성큼 자란 것을 축하하며
이 상장을 드립니다.

이름 _____

날짜 _____ 년 _____ 월 _____ 일

아이가 책을 마치면, 칭찬과 함께 수여해 주세요.

이 책의
활용법!

① 정답은 여러 가지일 수 있습니다

미로 찾기 정답은 꼭 하나만 있는 것은 아닙니다. 아이가 다른 답을 찾았을 경우에도 아낌없이 칭찬해 주세요. 아이가 다양하게 생각하면서 응용력을 기를 수 있습니다.

② 아이의 생각을 존중해 주세요

아이가 문제를 풀면서 가끔 전혀 예상하지 못했던 주장이나 생각을 펼칠 수도 있습니다. 그럴 때는 왜 그렇게 생각하는지 그 이유를 차근차근 물어보면서 아이의 생각이 맞다고 인정해 주세요. 부모님이 믿고 기다려주는 만큼 아이의 논리력은 사고력과 함께 성큼 자랍니다.

③ 아이와 함께 이야기를 하며 풀어 주세요

이 책에는 수많은 캐릭터들이 등장합니다. 아이들 스스로 캐릭터의 주인공이 되어 이야기를 만들면서 문제를 풀 수 있도록 부모님께서도 거들어 주세요. 아이가 미로 찾기에 흠뻑 빠져 놀다 보면 집중력과 상상력을 키울 수 있습니다.

④ 의성어와 의태어를 이용하면 더 재미있습니다

영차영차, 뒤뚱뒤뚱, 팔락팔락, 부릉부릉, 폴짝폴짝 등과 같은 의성어나 의태어를 이용하면서 문제를 풀 수 있도록 해 주세요. 문제에 나오는 다양한 사물들의 특징을 보다 쉽게 이해하면서 언어 능력도 키울 수 있습니다.

관찰력 기르기

두 그림을 비교하고 다른 8곳을 찾아보세요.

관찰력 기르기

다른 곳을
찾아요 두 그림을 비교하고 다른 8곳을 찾아보세요.

다른 곳을
찾아요

7

관찰력 기르기

🔍 **다른 곳을 찾아요** 두 그림을 비교하고 다른 10곳을 찾아보세요.

8

관찰력 기르기

🔍 **다른 곳을 찾아요** 두 그림을 비교하고 다른 10곳을 찾아보세요.

관찰력 기르기

🔍 그림을 찾아요

관찰력 기르기

그림을
찾아요

사물 익히기

🔍 그림을
찾아요

로켓, 코끼리, 사과, 물고기, 안경, 새

사물 익히기

🔍 그림을
찾아요

편지 봉투 2장, 광대 얼굴, 새 4마리, 음표 2개

관찰력 기르기

🔍 **그림을 찾아요**
해변에 여러 가지 물건이 있어요.
각각 몇 개인지 찾아보고 수를 적어 보세요.

14

관찰력 기르기

🔍 **그림을 찾아요**　해변에 불가사리, 꽃게, 조개가 있어요.
각각 몇 개인지 찾아보고 수를 적어 보세요.

15

관찰력 기르기

🔍 **그림을 찾아요** 배에 여러 가지 물건이 있어요.
각각 몇 개인지 찾아보고 수를 적어 보세요.

관찰력 기르기

🔍 **그림을 찾아요** 방 안에 꿀벌, 왕관, 리본, 토끼가 있어요.
각각 찾아보고 수를 적어 보세요.

17

관찰력 기르기

여러 가지 그림이 겹쳐져 있어요.
아래 그림에서 겹쳐진 그림을 찾아보세요.

18

관찰력 기르기

🔍 **그림을 찾아요**

여러 가지 그림이 겹쳐져 있어요.
아래 그림에서 겹쳐진 그림을 찾아보세요.

관찰력 기르기

여러 가지 그림이 겹쳐져 있어요.
아래 그림에서 겹쳐진 그림을 찾아보세요.

20

관찰력 기르기

🔍 **그림을 찾아요** 여러 가지 그림이 겹쳐져 있어요.
아래 그림에서 겹쳐진 그림을 찾아보세요.

관찰력 기르기

두 그림을 비교하고 다른 10곳을 찾아보세요.

관찰력 기르기

🔍 다른 곳을
찾아요
두 그림을 비교하고 다른 8곳을 찾아보세요.

관찰력 기르기

다른 곳을
찾아요 두 그림을 비교하고 다른 10곳을 찾아보세요.

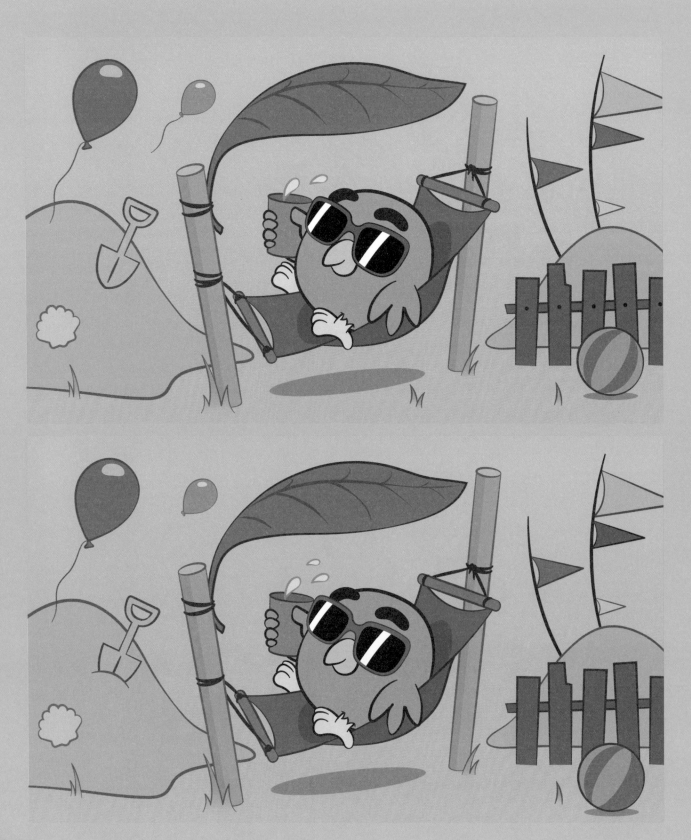

24

관찰력 기르기

🔍 **다른 곳을 찾아요**　두 그림을 비교하고 다른 10곳을 찾아보세요.

관찰력 기르기

🔍 **조각을 찾아요**

조각들을 이용하여 머핀을 만들었어요.
사용한 조각을 모두 찾아보세요.

관찰력 기르기

조각들을 이용하여 케이크를 만들었어요.
사용한 조각을 모두 찾아보세요.

27

관찰력 기르기

조각을
찾아요

조각들을 이용하여 공룡을 만들었어요.
사용한 조각을 모두 찾아보세요.

28

관찰력 기르기

🔍 **조각을 찾아요**   조각들을 이용하여 토끼 얼굴을 만들었어요.
사용한 조각을 모두 찾아보세요.

29

관찰력 기르기

🔍 **조각을 찾아요** 조각들을 이용하여 예쁜 문어를 만들었어요.
사용한 조각을 모두 찾아보세요.

관찰력 기르기

🔍 **조각을 찾아요** 조각들을 이용하여 꽃밭을 만들었어요.
사용한 조각을 모두 찾아보세요.

31

집중력 기르기

🔍 **부분을 찾아요**
여러 가지 모양이 모여 있어요.
위에 있는 모양을 아래에서 모두 찾아보세요.

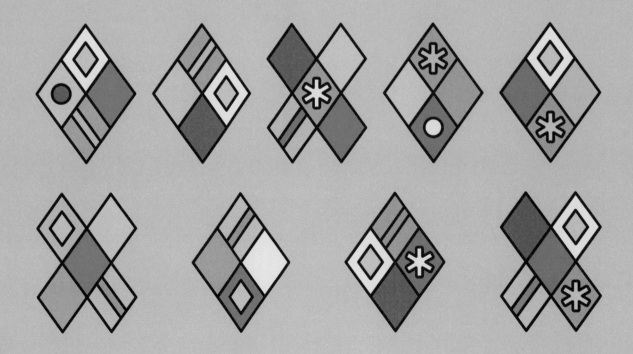

집중력 기르기

🔍 **부분을 찾아요**

여러 가지 모양이 모여 있어요.
위에 있는 모양을 아래에서 모두 찾아보세요.

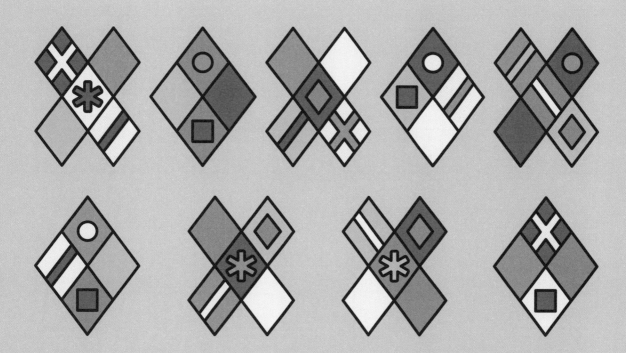

집중력 기르기

여러 가지 모양이 모여 있어요.
위에 있는 모양을 아래에서 모두 찾아보세요.

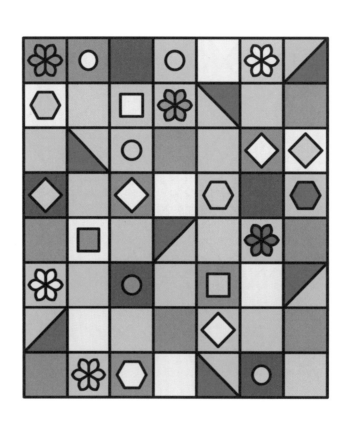

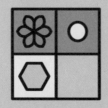
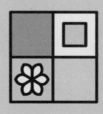
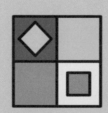

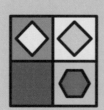
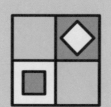
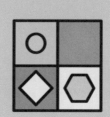

집중력 기르기

🔍 **부분을 찾아요**

여러 가지 모양이 모여 있어요.
위에 있는 모양을 아래에서 모두 찾아보세요.

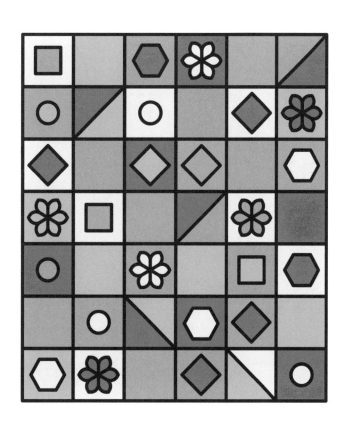

집중력 기르기

🔍 **부분을 찾아요** 여러 가지 모양이 모여 있어요.
위에 있는 모양을 아래에서 모두 찾아보세요.

36

집중력 기르기

🔍 **부분을 찾아요**

여러 가지 모양이 모여 있어요.
위에 있는 모양을 아래에서 모두 찾아보세요.

관찰력 기르기

관찰력 기르기

관찰력 기르기

🔍 그림을 찾아요 안경, 사과, 달팽이, 물고기, 달

관찰력 기르기

🔍 그림을
찾아요

음표, 나사 2개, 전구 2개

관찰력 기르기

여러 가지 그림이 겹쳐져 있어요.
아래 그림에서 겹쳐진 그림을 찾아보세요.

관찰력 기르기

그림을 찾아요 여러 가지 그림이 겹쳐져 있어요.
아래 그림에서 겹쳐진 그림을 찾아보세요.

관찰력 기르기

🔍 **그림을 찾아요** 여러 가지 그림이 겹쳐져 있어요.
아래 그림에서 겹쳐진 그림을 찾아보세요.

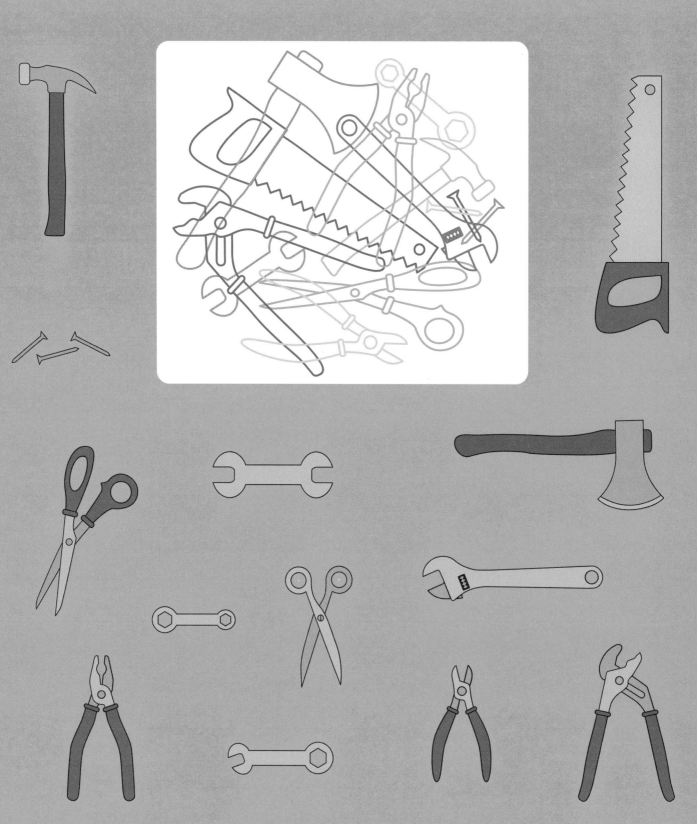

관찰력 기르기

🔍 **그림을 찾아요**   여러 가지 그림이 겹쳐져 있어요.
아래 그림에서 겹쳐진 그림을 찾아보세요.

집중력 기르기

🔍 그림을 찾아요

집중력 기르기

47

집중력 기르기

집중력 기르기

그림을 찾아요

색 구별하기

🔍 **없는 것을 찾아요** 물고기들을 어항 안에 넣었어요.
어항 안에 넣지 않은 물고기를 찾아 색칠하세요.

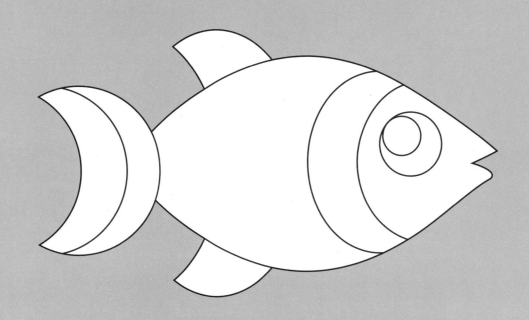

색 구별하기

🔍 **없는 것을 찾아요** 꽃게들이 모래사장으로 갔어요.
모래사장으로 가지 않은 꽃게를 찾아 색칠하세요.

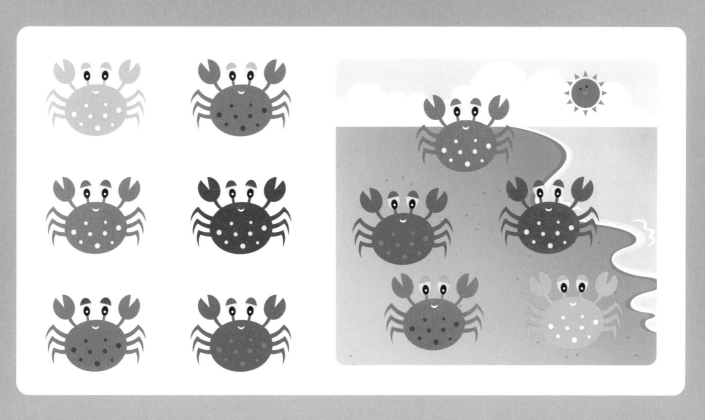

색 구별하기

🔍 **없는 것을 찾아요**
새들이 새장 안으로 들어 갔어요.
새장으로 들어가지 않은 새를 찾아 색칠하세요.

색 구별하기

말들이 우리 안으로 들어 갔어요.
우리 안으로 들어가지 않은 말을 찾아 색칠하세요.

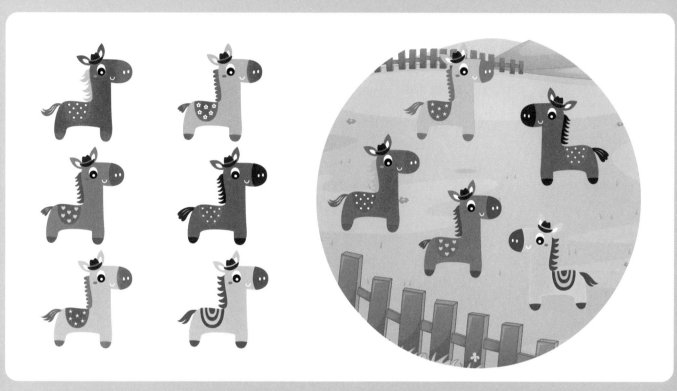

색 구별하기

🔍 **없는 것을 찾아요** 배들이 원 안으로 들어갔어요.
원 안으로 들어가지 않은 배를 찾아 색칠하세요.

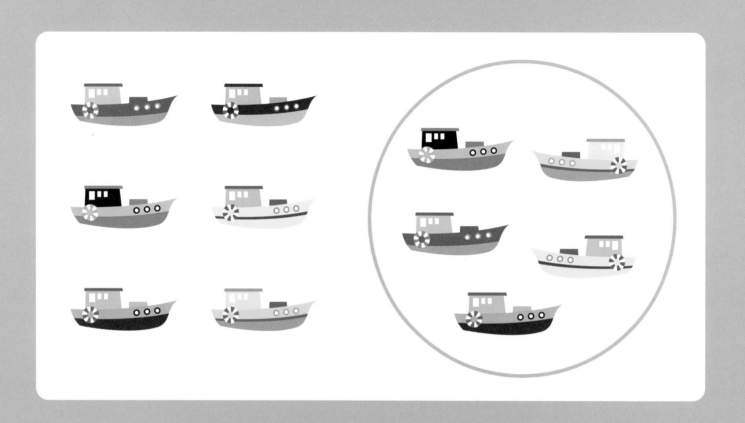

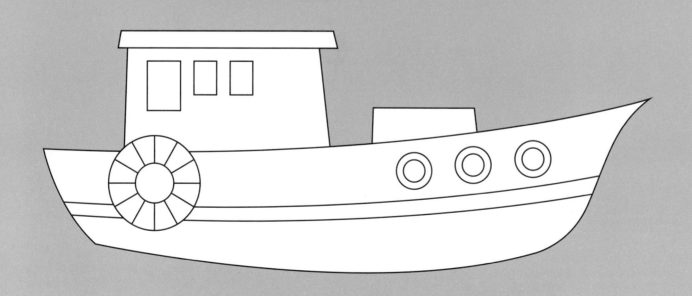

54

색 구별하기

없는 것을 찾아요 아이스크림을 네모 안에 넣었어요.
네모 안에 넣지 않은 아이스크림을 찾아 색칠하세요.

관찰력 기르기

 그림을 찾아요 달팽이 2마리, 버섯 2송이, 개구리 2마리, 새 4마리

관찰력 기르기

🔍 **그림을 찾아요**   사과 2개, 도토리 4톨, 칼 4자루, 버섯 6송이

관찰력 기르기

🔍 **그림을 찾아요**   토마토 7개, 오이 2개, 가지 2개, 파프리카 3개,
호박 4통, 빨간색 사과 12개, 단추 5개

관찰력 기르기

🔍 **그림을 찾아요** 당근 2개, 등불 4개, 우산 3개, 버섯 모양 9개, 나비 6마리

관찰력 기르기

🔍 **부분을 찾아요**   새집이 모여 있어요.
새집의 부분을 아래에서 모두 찾아보세요.

60

관찰력 기르기

부분을
찾아요

크고 멋있는 성이 있어요.
성의 부분을 아래에서 모두 찾아보세요.

관찰력 기르기

연필들이 모여 있어요.
연필 더미의 모습을 아래에서 모두 찾아보세요.

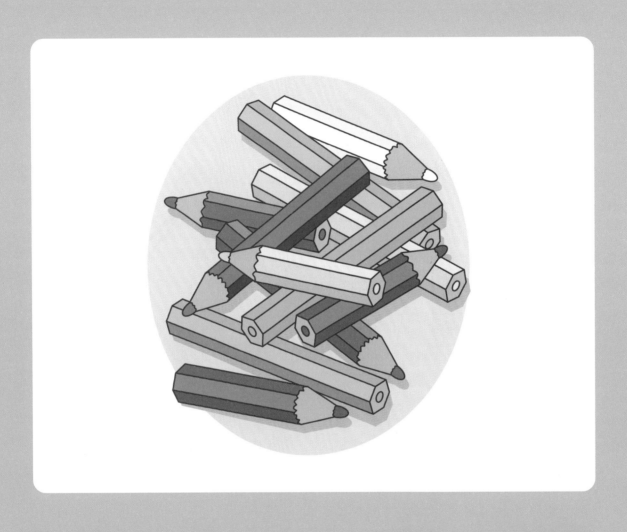

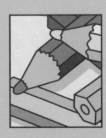
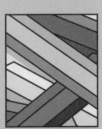

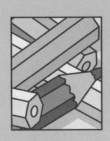

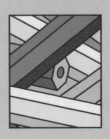

관찰력 기르기

🔍 **부분을 찾아요** 빵들이 모여 있어요.
빵 더미의 모습을 아래에서 모두 찾아보세요.

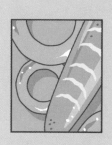

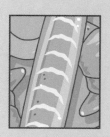

집중력 기르기

 **그림을 찾아요** 축구공, 농구공, 반바지, 물안경, 오리발

집중력 기르기

🔍 그림을
찾아요

물고기, 자동차, 달, 북, 불상, 파인애플

집중력 기르기

66

집중력 기르기

로봇 3개, 권총 3자루, 농구공 6개

관찰력 기르기

68

관찰력 기르기

🔍 **다른 곳을 찾아요** 두 그림을 비교하고 다른 8곳을 찾아보세요.

69

관찰력 기르기

두 그림을 비교하고 다른 8곳을 찾아보세요.

70

관찰력 기르기

🔍 **다른 곳을 찾아요**   두 그림을 비교하고 다른 8곳을 찾아보세요.

관찰력 기르기

그림을 찾아요 별, 새, 토끼, 트리가 있어요.
각각 찾아보고 수를 적어 보세요.

72

관찰력 기르기

🔍 **그림을 찾아요** 여러 가지 물건이 있어요.
각각 몇 개인지 찾아보고 수를 적어 보세요.

 ⬜   ⬜   ⬜   ⬜

관찰력 기르기

🔍 **그림을 찾아요** 지팡이 장식, 별 장식, 펭귄이 있어요.
각각 찾아보고 수를 적어 보세요.

관찰력 기르기

🔍 **그림을 찾아요** 여러 가지 물건이 있어요.
각각 몇 개인지 찾아보고 수를 적어 보세요.

 ___   ___   ___   ___   ___   ___

관찰력 기르기

조각들을 이용하여 고슴도치를 만들었어요.
사용한 조각을 모두 찾아보세요.

관찰력 기르기

🔍 **조각을 찾아요** 조각들을 이용하여 예쁜 여자 돼지를 만들었어요.
사용한 조각을 모두 찾아보세요.

관찰력 기르기

조각을 찾아요

조각들을 이용하여 새집을 만들었어요.
사용한 조각을 모두 찾아보세요.

78

관찰력 기르기

조각을
찾아요

조각들을 이용하여 예쁜 새를 만들었어요.
사용한 조각을 모두 찾아보세요.

관찰력 기르기

두 그림을 비교하고 다른 10곳을 찾아보세요.

관찰력 기르기

🔍 **다른 곳을 찾아요** 두 그림을 비교하고 다른 10곳을 찾아보세요.

관찰력 기르기

두 그림을 비교하고 다른 10곳을 찾아보세요.

82

관찰력 기르기

두 그림을 비교하고 다른 10곳을 찾아보세요.

집중력 기르기

그림을 찾아요

청진기, 돋보기, 체온계, 안경, 눈

집중력 기르기

집중력 기르기

 그림을 찾아요

집중력 기르기

🔍 그림을 찾아요

관찰력 기르기

🔍 그림을
찾아요

안경, 오토바이, 장미, 자전거, 음료, 기타

관찰력 기르기

🔍 그림을
찾아요

가방, 자동차, 압력 밥솥, 믹서, 다리미, 아기 3명

관찰력 기르기

그림을 찾아요

닭다리, 물고기, 커피, 바나나, 치즈

관찰력 기르기

그림을 찾아요

나비, 구두, 립스틱, 시계, 핸드백, 드레스

관찰력 기르기

🔍 **순서를 찾아요** 그림이 다섯 조각으로 잘렸어요.
순서에 맞게 조각난 그림에 번호를 적어 보세요.

				1

92

관찰력 기르기

🔍 **순서를 찾아요** 그림이 다섯 조각으로 잘렸어요.
순서에 맞게 조각난 그림에 번호를 적어 보세요.

93

관찰력 기르기

순서를 찾아요

그림이 다섯 조각으로 잘렸어요.
순서에 맞게 조각난 그림에 번호를 적어 보세요.

| | | | | 1 |

94

관찰력 기르기

 순서를 찾아요 그림이 다섯 조각으로 잘렸어요.
순서에 맞게 조각난 그림에 번호를 적어 보세요.

집중력 기르기

그림을
찾아요

집중력 기르기

그림을 찾아요

집중력 기르기

집중력 기르기

🔍 그림을 찾아요

관찰력 기르기

🔍 **그림을 찾아요** 무당벌레, 나비, 달팽이가 꽃밭에 있어요.
각각 몇 마리인지 찾아보고 수를 적어 보세요.

100

관찰력 기르기

🔍 **그림을 찾아요** 벌, 무당벌레, 나비가 꽃밭에 있어요.
각각 몇 마리인지 찾아보고 수를 적어 보세요.

관찰력 기르기

🔍 **그림을 찾아요**   여러 종류의 곤충들이 있어요.
각각 몇 마리인지 찾아보고 수를 적어 보세요.

관찰력 기르기

🔍 **그림을 찾아요** 여러 종류의 곤충들이 있어요.
각각 몇 마리인지 찾아보고 수를 적어 보세요.

관찰력 기르기

 그림을 찾아요

물고기 4마리, 해파리 4마리, 불가사리 6마리

관찰력 기르기

🔍 **그림을 찾아요**

연꽃 3송이, 개구리 5마리, 나비 9마리, 잠자리 10마리

관찰력 기르기

🔍 **그림을 찾아요**   나무에 1부터 9까지의 숫자가 숨어 있어요.
9개의 숫자를 모두 찾아보세요.

① ② ③ ④ ⑤ ⑥ ⑦ ⑧ ⑨

관찰력 기르기

🔍 **그림을 찾아요**

선물 상자 11개, 지팡이 장식 8개, 귀마개 6개

관찰력 기르기

순서를
찾아요

그림이 다섯 조각으로 잘렸어요.
순서에 맞게 조각난 그림에 번호를 적어 보세요.

| 2 | | | | 1 |

관찰력 기르기

그림이 다섯 조각으로 잘렸어요.
순서에 맞게 조각난 그림에 번호를 적어 보세요.

| 1 | | | | |

관찰력 기르기

순서를 찾아요

그림이 다섯 조각으로 잘렸어요.
순서에 맞게 조각난 그림에 번호를 적어 보세요.

| | | | | 1 |

관찰력 기르기

그림이 다섯 조각으로 잘렸어요.
순서에 맞게 조각난 그림에 번호를 적어 보세요.

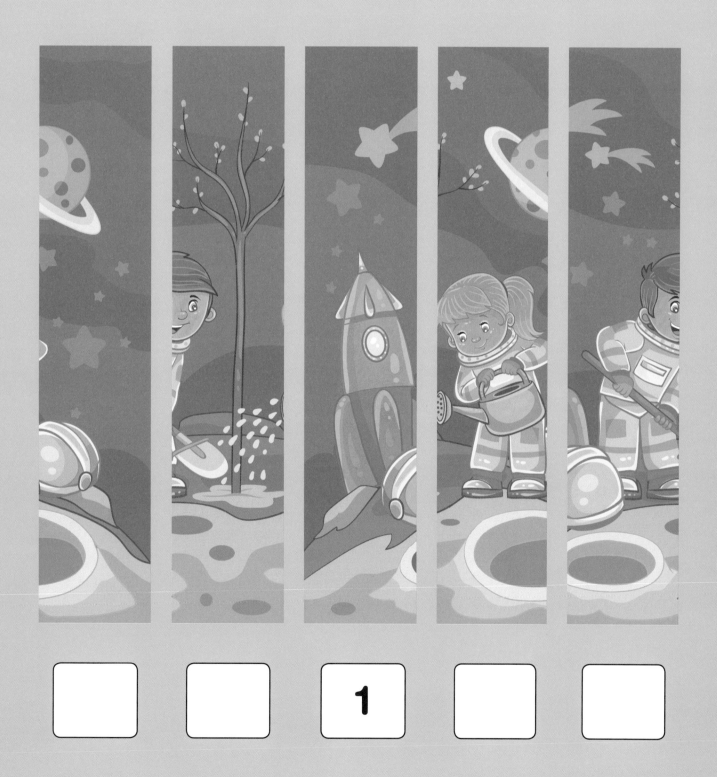

111

관찰력 기르기

🔍 그림을 찾아요

모자, 튤립 모양, 버섯, 강아지, 고양이

관찰력 기르기

고양이 2마리, 달팽이, 무지개, 달

집중력 기르기

114

집중력 기르기

그림을 찾아요

집중력 기르기

116

집중력 기르기

관찰력 기르기

 **그림을 찾아요** 아이스크림, 우산, 강아지, 망고, 배, 연필

관찰력 기르기

🔍 그림을
찾아요

농구공, 현미경, 가위, 바이올린, 책가방, 안경

그림 찾기
플러스
정답

6쪽

관찰력 기르기

다른 곳을 찾아요 두 그림을 비교하고 다른 8곳을 찾아보세요.

7쪽

관찰력 기르기

다른 곳을 찾아요 두 그림을 비교하고 다른 8곳을 찾아보세요.

8쪽

관찰력 기르기

다른 곳을 찾아요 두 그림을 비교하고 다른 10곳을 찾아보세요.

9쪽

관찰력 기르기

다른 곳을 찾아요 두 그림을 비교하고 다른 10곳을 찾아보세요.

10쪽

관찰력 기르기

그림을 찾아요

11쪽

관찰력 기르기

그림을 찾아요

12쪽

사물 익히기

그림을 찾아요 로켓, 코끼리, 사과, 물고기, 안경, 새

13쪽

사물 익히기

그림을 찾아요 편지 봉투 2장, 쌍대 엄굴, 새 4마리, 음표 2개

14쪽

관찰력 기르기

그림을 찾아요 해변에 여러 가지 물건이 있어요. 각각 몇 개인지 찾아보고 수를 적어 보세요.

15쪽

관찰력 기르기

그림을 찾아요 해변에 불가사리, 꽃게, 조개가 있어요. 각각 몇 개인지 찾아보고 수를 적어 보세요.

16쪽

관찰력 기르기

그림을 찾아요 배에 여러 가지 물건이 있어요. 각각 몇 개인지 찾아보고 수를 적어 보세요.

17쪽

관찰력 기르기

그림을 찾아요 방 안에 꽃병, 양초, 리본, 도자가 있어요. 각각 찾아보고 수를 적어 보세요.

18쪽

관찰력 기르기

그림을 찾아요 여러 가지 그림이 겹쳐져 있어요. 아래 그림에서 겹쳐진 그림을 찾아보세요.

19쪽

관찰력 기르기

그림을 찾아요 여러 가지 그림이 겹쳐져 있어요. 아래 그림에서 겹쳐진 그림을 찾아보세요.

20쪽

관찰력 기르기

그림을 찾아요 여러 가지 그림이 겹쳐져 있어요. 아래 그림에서 겹쳐진 그림을 찾아보세요.

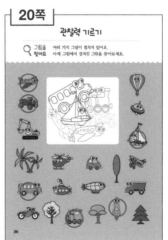

21쪽

관찰력 기르기

그림을 찾아요 여러 가지 그림이 겹쳐져 있어요. 아래 그림에서 겹쳐진 그림을 찾아보세요.

22쪽
관찰력 기르기
🔍 다른 곳을 찾아요   두 그림을 비교하고 다른 10곳을 찾아보세요.

23쪽
관찰력 기르기
🔍 다른 곳을 찾아요   두 그림을 비교하고 다른 10곳을 찾아보세요.

24쪽
관찰력 기르기
🔍 다른 곳을 찾아요   두 그림을 비교하고 다른 10곳을 찾아보세요.

25쪽
관찰력 기르기
🔍 다른 곳을 찾아요   두 그림을 비교하고 다른 10곳을 찾아보세요.

26쪽
관찰력 기르기
🔍 조각을 찾아요   조각들을 이용하여 머핀을 만들었어요. 사용한 조각을 모두 찾아보세요.

27쪽
관찰력 기르기
🔍 조각을 찾아요   조각들을 이용하여 케이크를 만들었어요. 사용한 조각을 모두 찾아보세요.

28쪽
관찰력 기르기
🔍 조각을 찾아요   조각들을 이용하여 공룡을 만들었어요. 사용한 조각을 모두 찾아보세요.
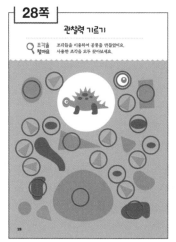

29쪽
관찰력 기르기
🔍 조각을 찾아요   조각들을 이용하여 또끼 얼굴을 만들었어요. 사용한 조각을 모두 찾아보세요.

30쪽
관찰력 기르기
🔍 조각을 찾아요   조각들을 이용하여 에문 문어를 만들었어요. 사용한 조각을 모두 찾아보세요.
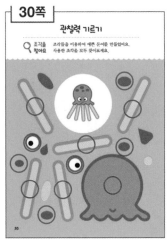

31쪽
관찰력 기르기
🔍 조각을 찾아요   조각들을 이용하여 꽃밭을 만들었어요. 사용한 조각을 모두 찾아보세요.

32쪽
집중력 기르기
🔍 부분을 찾아요   여러 가지 모양이 모여 있어요. 위에 있는 모양을 아래에서 모두 찾아보세요.

33쪽
집중력 기르기
🔍 부분을 찾아요   여러 가지 모양이 모여 있어요. 위에 있는 모양을 아래에서 모두 찾아보세요.

34쪽
집중력 기르기
🔍 부분을 찾아요   여러 가지 모양이 모여 있어요. 위에 있는 모양을 아래에서 모두 찾아보세요.

35쪽
집중력 기르기
🔍 부분을 찾아요   여러 가지 모양이 모여 있어요. 위에 있는 모양을 아래에서 모두 찾아보세요.

36쪽
집중력 기르기
🔍 부분을 찾아요   여러 가지 모양이 모여 있어요. 위에 있는 모양을 아래에서 모두 찾아보세요.
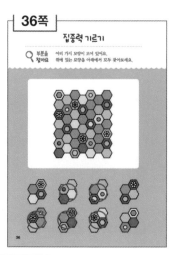

37쪽
집중력 기르기
🔍 부분을 찾아요   여러 가지 모양이 모여 있어요. 위에 있는 모양을 아래에서 모두 찾아보세요.

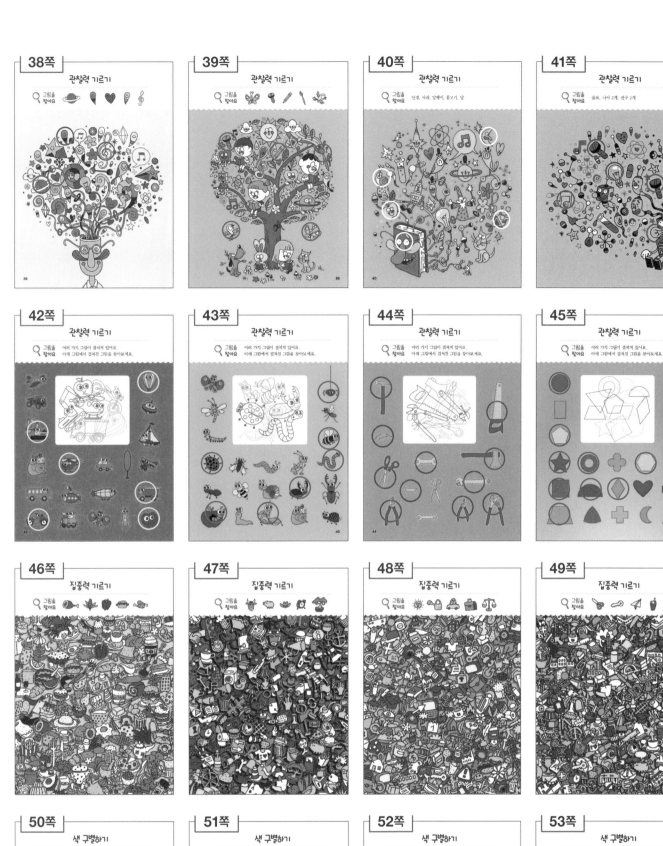

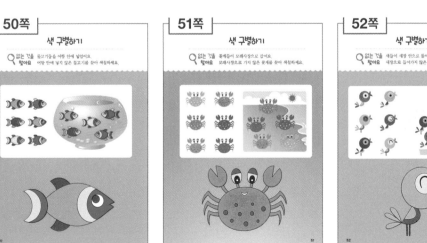

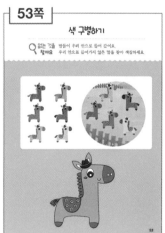

54쪽
색 구별하기

55쪽
색 구별하기

56쪽
관찰력 기르기

57쪽
관찰력 기르기

58쪽
관찰력 기르기

59쪽
관찰력 기르기

60쪽
관찰력 기르기

61쪽
관찰력 기르기

62쪽
관찰력 기르기
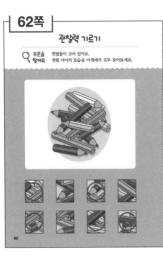

63쪽
관찰력 기르기
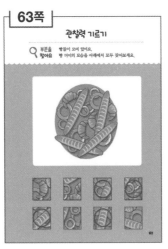

64쪽
집중력 기르기

65쪽
집중력 기르기

66쪽
집중력 기르기

67쪽
집중력 기르기

68쪽
관찰력 기르기

69쪽
관찰력 기르기

70쪽
관찰력 기르기

다른 곳을 찾아요 두 그림을 비교하고 다른 10곳을 찾아보세요.

71쪽
관찰력 기르기

다른 곳을 찾아요 두 그림을 비교하고 다른 10곳을 찾아보세요.

72쪽
관찰력 기르기

그림을 찾아요 별, 새, 토끼, 트리가 있어요. 각각 찾아보고 수를 적어 보세요.

73쪽
관찰력 기르기

그림을 찾아요 여러 가지 물건이 있어요. 각각 몇 개인지 찾아보고 수를 적어 보세요.

74쪽
관찰력 기르기

그림을 찾아요 지팡이 사탕, 별 장식, 펭귄이 있어요. 각각 찾아보고 수를 적어 보세요.

75쪽
관찰력 기르기

그림을 찾아요 여러 가지 물건이 있어요. 각각 몇 개인지 찾아보고 수를 적어 보세요.

76쪽
관찰력 기르기

조각을 찾아요 조각들을 이용하여 고슴도치를 만들었어요. 사용한 조각을 모두 찾아보세요.

77쪽
관찰력 기르기

조각을 찾아요 조각들을 이용하여 예쁜 여자 꼬마를 만들었어요. 사용한 조각을 모두 찾아보세요.

78쪽
관찰력 기르기

조각을 찾아요 조각들을 이용하여 새둥지를 만들었어요. 사용한 조각을 모두 찾아보세요.

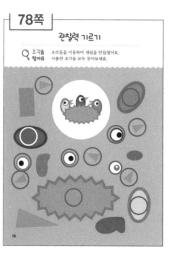

79쪽
관찰력 기르기

조각을 찾아요 조각들을 이용하여 예쁜 새를 만들었어요. 사용한 조각을 모두 찾아보세요.

80쪽
관찰력 기르기

다른 곳을 찾아요 두 그림을 비교하고 다른 10곳을 찾아보세요.

81쪽
관찰력 기르기

다른 곳을 찾아요 두 그림을 비교하고 다른 10곳을 찾아보세요.

82쪽
관찰력 기르기

다른 곳을 찾아요 두 그림을 비교하고 다른 10곳을 찾아보세요.

83쪽
관찰력 기르기

다른 곳을 찾아요 두 그림을 비교하고 다른 10곳을 찾아보세요.

84쪽
집중력 기르기

그림을 찾아요 청진기, 돋보기, 젖은개, 안경, 눈

85쪽
집중력 기르기

그림을 찾아요 럭비공, 배, 곰 인형, 신발, 의자, 양말, 유모차

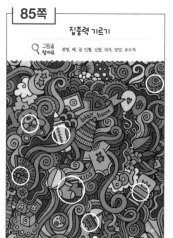

86쪽
집중력 기르기
🔍 그림을 찾아요

87쪽
집중력 기르기
🔍 그림을 찾아요
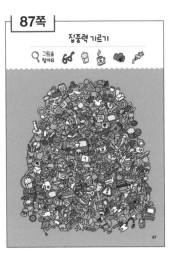

88쪽
관찰력 기르기
🔍 그림을 찾아요 안경, 오토바이, 장미, 자전거, 음표, 기타

89쪽
관찰력 기르기
🔍 그림을 찾아요 가방, 자동차, 압력 밥솥, 믹서, 다리미, 아기 모빌

90쪽
관찰력 기르기
🔍 그림을 찾아요 닭다리, 불고기, 커피, 바나나, 치즈

91쪽
관찰력 기르기
🔍 그림을 찾아요 나비, 구두, 립스틱, 시계, 웨딩드레스

92쪽
관찰력 기르기
🔍 순서를 찾아요 그림이 다섯 조각으로 잘렸어요. 순서에 맞게 조각난 그림에 번호를 적어 보세요.

3 2 5 4 1

93쪽
관찰력 기르기
🔍 순서를 찾아요 그림이 다섯 조각으로 잘렸어요. 순서에 맞게 조각난 그림에 번호를 적어 보세요.

4 1 5 3 2

94쪽
관찰력 기르기
🔍 순서를 찾아요 그림이 다섯 조각으로 잘렸어요. 순서에 맞게 조각난 그림에 번호를 적어 보세요.

5 2 4 3 1

95쪽
관찰력 기르기
🔍 순서를 찾아요 그림이 다섯 조각으로 잘렸어요. 순서에 맞게 조각난 그림에 번호를 적어 보세요.

5 3 2 1 4

96쪽
집중력 기르기
🔍 그림을 찾아요

97쪽
집중력 기르기
🔍 그림을 찾아요

98쪽
집중력 기르기
🔍 그림을 찾아요

99쪽
집중력 기르기
🔍 그림을 찾아요

100쪽
관찰력 기르기
🔍 그림을 찾아요 무당벌레, 나비, 달팽이가 꽃밭에 있어요. 각각 몇 마리인지 찾아보고 수를 적어 보세요.

6 4 3

101쪽
관찰력 기르기
🔍 그림을 찾아요 벌, 무당벌레, 나비가 꽃밭에 있어요. 각각 몇 마리인지 찾아보고 수를 적어 보세요.

6 3 2

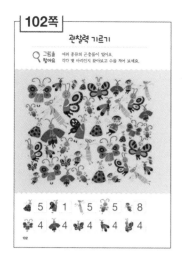

102쪽

관찰력 기르기

그림을 찾아요 여러 종류의 곤충들이 있어요.
각각 몇 마리인지 찾아보고 수를 적어 보세요.

🐞 5 🐛 1 🦋 5 🐝 5 🐜 8
🦋 4 🐝 4 🦋 4 🐛 4 🐌 4

103쪽

관찰력 기르기

그림을 찾아요 여러 종류의 곤충들이 있어요.
각각 몇 마리인지 찾아보고 수를 적어 보세요.

🐛 4 🐜 7 🐛 5 🐝 4 🐛 4
🐌 6 🐝 8 🐞 2 🦋 5 🐞 5

104쪽

관찰력 기르기

그림을 찾아요 물고기 4마리, 해파리 4마리, 불가사리 6마리

105쪽

관찰력 기르기

그림을 찾아요 연꽃 3송이, 개구리 5마리, 나비 9마리,
장자리 3마리

106쪽

관찰력 기르기

그림을 찾아요 나무에 1부터 9까지의 숫자가 숨어 있어요.
9개의 숫자를 모두 찾아보세요.

① ② ③ ④ ⑤ ⑥ ⑦ ⑧ ⑨

107쪽

관찰력 기르기

그림을 찾아요 선물 상자 11개, 지팡이 장식 8개, 귀마개 6개

108쪽

관찰력 기르기

순서를 찾아요 그림이 다섯 조각으로 잘렸어요.
순서에 맞게 조각난 그림에 번호를 적어 보세요.

2 5 4 3 1

109쪽

관찰력 기르기

순서를 찾아요 그림이 다섯 조각으로 잘렸어요.
순서에 맞게 조각난 그림에 번호를 적어 보세요.

1 5 4 2 3

110쪽

관찰력 기르기

순서를 찾아요 그림이 다섯 조각으로 잘렸어요.
순서에 맞게 조각난 그림에 번호를 적어 보세요.

4 3 2 5 1

111쪽

관찰력 기르기

순서를 찾아요 그림이 다섯 조각으로 잘렸어요.
순서에 맞게 조각난 그림에 번호를 적어 보세요.

5 3 1 4 2

112쪽

관찰력 기르기

그림을 찾아요 모자, 튤립 모양, 버섯, 강아지, 고양이

113쪽

관찰력 기르기

그림을 찾아요 고양이 2마리, 달팽이, 무지개, 달

114쪽

집중력 기르기

그림을 찾아요

115쪽

집중력 기르기

그림을 찾아요

116쪽

집중력 기르기

그림을 찾아요 사과 2개, 거위 2만, 책 4권, 핸드백 3개

117쪽

집중력 기르기

그림을 찾아요 헤드폰 3개, 선글라스 3개, 눈 감은 사람 3명

관찰력 기르기

그림을
찾아요 아이스크림, 우산, 강아지, 망고, 배, 연필

관찰력 기르기

그림을
찾아요 농구공, 헬리컵, 가위, 바이올린, 해가방, 안경